中华树艺系列丛书

中华树艺苑

创意作品篇

主 编 江泽慧

编 著 林斌 林杰

中国林业出版社
China Forestry Publishing House

图书在版编目（CIP）数据

中华树艺苑创意作品篇 / 江泽慧主编；林斌，林杰著 . — 北京 : 中国林业出版社，2013.5

（中华树艺系列丛书）

ISBN 978-7-5038-7013-2

Ⅰ.①中⋯ Ⅱ.①江⋯ ②林⋯ ③林⋯ Ⅲ.①园林树木－观赏园艺 Ⅳ.① S68

中国版本图书馆 CIP 数据核字（2013）第 068194 号

策　　划: 刘先银

责任编辑: 李丝丝　纪　亮

装帧设计: 大溪方圆

出版: 中国林业出版社

　　北京西城区德内大街刘海胡同 7 号

网址: http : //lycb. forestry. gov. cn/

电话: 010-83228906

印刷: 北京利丰雅高长城印刷有限公司

发行: 中国林业出版社

版次: 2013 年 5 月第 1 版

印次: 2013 年 5 月第 1 次

开本: 1/12

印张: 15.5

字数: 180 千字

定价: 188.00 元

《中华树艺苑创意作品篇》编写委员会

主　　编：江泽慧

编　　著：林　斌　林　杰

副 编 著：冯玉美　汪晓莉　张哲斌　汪伟青

顾问指导：马卫光　高岭夏　薛振培

区域编著者：黄世江（浙江）　朱国锦（上海）　冯玉美（河南）　孙妙夫（四川）
　　　　　　周明伟（象山）　李贤生（成都）　付开林（杭州）　张婵杰（嘉兴）
　　　　　　童建明（金华）　陈　泽（宁波）　朱树红（奉化）　伍光庆（湖南）
　　　　　　刘长磊（安徽）　彭银全（山东）　唐晓明（镇海）　黄　青（合肥）
　　　　　　宋亚琦（湖州）

编　　委：（排名不分先后）
　　　　　　林才学　黄世江　罗玉民　梅亚平　姜福庆　赵爱国　应　诚　何加明　郭旭光　丁熊秀
　　　　　　刘凑群　周明君　胡元军　李东伟　王桂林　宋敏敏　袁晓羽　林建光　林　娜　潘　东
　　　　　　葛军旺　旷庆丰　叶　魏　黄　艾　黄　芳　伍光庆　章伯威　张建存　黄利君　杨　仪
　　　　　　刘　杰　胡　斌　李　翔　庄耘华　杨维燕　黄海东　张宁伟　梁玉秀　程文南　刘小英
　　　　　　王贵福　李秀梅　陈　斌　姚小波　廖　攀　徐孟洁　向政江　杨庆水　许文武　王芳芳
　　　　　　王　维　王　昉　葛浓浓　钱根子　姜　毅　张　悦　余增辉　戴兰霞

文字编辑：罗玉民　冯玉美

摄　　影：忻元华　伍光庆　张宁伟

美　　编：於宁宁　王　维　张宁伟

协作单位：浙江青草地园林市政建设发展有限公司　　宁波嘉卉园艺有限公司
　　　　　　浙江正浩园艺有限公司　　　　　　　　　宁波市风景园林设计研究院有限公司
　　　　　　中国花木交易　　　　　　　　　　　　　深圳市天一景观投资发展有限公司
　　　　　　宁波卉易通树艺科技有限公司

序

　　"中华乃世界园林之母"，身为园林人，余心戚戚矣：此言实乃"却之不恭，受之有愧"。余遍走神州各地，亦或踏出国门，均未体验园林之母之风范：植物造型，日本之技艺已胜出；植物造景，欧洲已各领风骚；自然和谐，美国亦在中华之上……昔日国粹之江南园林因其制作繁复，仅偏居一隅；皇家园林更是几近失传！而幸存技艺亦已支离破碎，改派分论……！叹往日中华园艺之神韵，惜如今精致景观之颓丧！园林之母近暮年否？

　　余尽十余载之功，妄图重塑园林之母之雄风，然遍查史料，虽历经艰辛，仍沉浮不定，无功而返，中华园艺之支离已久矣！吾多访天下名师，均或因技术过分单一而不可用；或因年事已高而不可托；有技艺见长者多是略缺文韵，其作亦少有创意；有收罗囤积者，亦属凤毛麟角，更无复制之功……四海之内虽有技压群芳者，少有"拍案叫绝"之作品；偶遇精细别致者，又失产业拓展之空间……！悻悻之余，未尽之不甘激起满腹复兴之情怀。偶有一日，余发宏愿：誓建展示吾中华园艺精华之苑区，广集中华园艺之大成以作全力之搏！此举竟豁然开朗：原中华园艺之精髓乃因材制宜，畅想发挥……！其后历经数载之研发："中华文字"、"巨型动物"、"人物形象"均一一突破，民众反应"叹为观止"。更有喜者：余独创塑年艺术、和谐记录及永葆青春系列作品尚可与人互动，开创互动精进之提升模式。

　　今"中华树艺苑"落成在即，余心澎湃不已，回望创苑之艰辛，虽馨书亦难述其详：技艺之难觅、同行之不解、他人之嘲讽……无不令人潜然泪下。幸苑之初成，观者叹"园艺之神奇"，业界惊其"匪夷所思之畅想"。吾不禁欣喜不已，豪情万丈——此乃"功夫不负苦德之人"矣……

　　余并无哗众取宠之意，却有振兴民族文化之宏愿，中华园艺乃世界园艺文明之瑰宝，弘扬之，则于国于民于己皆有利；遗弃之，则忘本之冠扣矣，祖辈之心血付诸东流……此等义事，吾辈岂能坐视，吾辈唯有扬其长而避其短，尽显其昔日之辉煌；弘其优而抑其缺，尽展其文化之底蕴。

　　今苑之初成乃我中华树艺苑之起始，吾必尽吾之全力，遍集中华园艺之义士，将其遍建神州，乃至全球！以展我中华树艺之神韵，铸我园林之母之风范！

　　愿中华树艺造福民族，

　　愿中华树艺苑环绕全球！

正气居　林贼

2011 年 9 月

目录

第一章　概述

一、发展历史 1

二、创意园艺造型的现状 4

三、实际应用及需求 6

四、中华树艺苑的使命与前景 8

第二章　创意作品集粹 9

一、文字系列 11

二、企业徽标系列 12

三、动物系列 20

四、人物形象系列 24

五、市政公用产品系列 60

六、快速造型 100

七、卡通形象系列 110
　　　　　　　　　　　　　　　　　　116

八、仿建系列 122

九、仿形系列 132

十、创意类产品系列 152

第三章　园林应用 157

一、添彩街景 158

二、大型绿化 159

三、展会风采 162

四、人景互动 164

五、拼装式景观 165

中华树艺苑关联企业信息交流 167

参考文献 178

第一章 ∎∎∎∎
Chapter One 概 述

概述：中华树艺苑创意作品
——园林的奇葩、园艺的升华

　　我国的园林造景艺术堪称世界一绝，素有园林之母的美誉，而其中最令人神往和称奇的部分则是创意类园艺作品。创意类园艺作品主要是采用极其普遍的常用的植物素材，通过园艺工作者的想象力，利用编扎、修剪、造型等工艺，制作出令人耳目一新的作品。但由于历史原因，从事该项工作的人员相对较少，部分工艺已经失传，今后需要加强技术培训、传授和继承。

创意树艺史话

　　创意类园艺制作其实在中国发展历史已悠久，并已广泛普及，主要集中在四川成都、广东岭南、河南淮阳、江苏、浙江等地，尤其是四川成都周边的市县，相对形成规模及文化集群。创意园艺是植物栽培技术和园林艺术的巧妙结合，也是利用植物造型进行造园的一种独特手法。小至低矮的草本植物大至数米高的大树，都可以用来树艺创作，观赏价值很高。人们称它们为"无笔的画"，是"绿色的植物雕塑"。对树木造型，人们见到的多是把观赏树木剪成球形或半球形等简单几何图形。我们常谈及的河南树木造型，起源于淮阳县，古称陈州。在被称为陈州园林的太昊陵园中，满园皆造型，处处有芳菲，四季常青的桧柏被修剪成屋宇、松亭、松塔、飞机、火车、坦克、孔雀、青龙、大象、骏马，还有熊猫滚球、卧龙、青蛇、仙鹤、和平鸽、金鸡报晓、长颈鹿、虎、羊、

狗、猫等。各种造型风姿独特，形象逼真，俨然是绿色动物园，并迎来了一批批中外游人。 植物造型是融植物学、建筑学、美学、民间工艺于一身的独特造园手法，它首先是从民间兴起的。陈州园林的创始者王殿一，原是民国时期总统府伺弄花草的园丁，他懂建筑会木工，又是民间艺术之乡淮阳走出来的人，曾有七十余件微型树木造型艺术作品空运至日本。新中国成立后，王殿一与其儿子王月会共同开创出陈州园林。而今二王作品尚在，人已作古。 开封龙亭公园，也有很大面积的桧柏造型，与太吴陵园有异曲同工之妙，并且造型品种更多。原来，曾在淮阳太吴陵工作过的曹敬先老人在此造园。二王的技术精髓曹老不仅心领神会，而且更有创新，这里的唐僧师徒西天取经组合造型、猛虎下山扑羊组合造型，惟妙惟肖，深受游人喜爱。曹敬先老人的植物造型取材十分广泛，各种观赏花木的根、干、枝、叶、花、果、藤、须均可作造型素材。有许多造型以剪取线，以枝为骨，以叶取色，利用自然界树木枝叶形态的长短粗细、曲直顿挫、虚实疏密、强弱刚柔，由造型者施行艺术加工美化，塑造出不同形式的景物。其程序是：选材——设计——制作——成景——命题。在艺术上讲究神形兼备的外观视觉效果及整体效果，制作出或简洁。或飘逸，或雍雅，或粗犷的不同景物，达到情景相融，从而叩开人们的心扉，使之神思飞驰，浮想联翩。 民间园林艺术家们，熟悉花木的生态习性、生长规律、植物的特性，他们在长期的园林实践中，吸取了民间艺术的精髓，和现代绘画、雕塑、建筑等学科内容，以艺术的眼光和一双巧手，做到胸有千姿百态，开剪见精神，形神有个性。无论那种造型，或飞禽走兽，或人物、屋宇、器械，他们都能做到美学和自然科学相结合，随树作型，取舍得体，超凡脱俗……（以上部分引自《我国独特的园林植物造型艺术》）

中华树艺苑提炼国内多数园艺造型流派之精华，并作产业化创新和技术流程改造：

1. 原有技术为编扎、剪形技术

（1）以小型资材制作大型作品

（2）形成各种形状

2. 创新技术中引入模具定型及分步组装模式

（1）制作模具

（2）分步组装

（3）靠模编制及修剪成型

优势：

（1）制作更大更精美的作品，不仅在树桩、盆景，在树形造景方面的潜力也很大

（2）规模化、专业化商品生产

主要的市场优势：

（1）取材广泛，易于产业化发展，可形成产品规模和市场

（2）快速成型，易于形成大型作品

（3）贴近生活，需求强劲，如卡通创意造型尤为树种单一区域，拓展景观，营造新思路；别墅群的新造，更需要有较高档次的观赏艺术的树桩盆景和植物雕塑

（4）创意无穷，可全民参与

一、发展历史

园林树木造型技艺在欧洲起始于古罗马时代。公元 1 世纪时，在私人别墅的规则式庭园中已出现修剪成几何型式的树木。16 世纪初，园林树木造型技艺在欧洲园林中广泛应用，法国凡尔赛宫园林中就出现了大量的造型树。18 世纪 50 年代后，随着人们对规则式庭园兴趣的减弱，造型树也逐渐减少。在美国，则把集中栽植造型树的园林局部叫做意大利园或罗马园。日本庭园中的园林树木造型出现于 17 世纪初，迄今应用仍较广泛，且造型档次较高的，如罗汉松造型。园林树木造型在中国也有悠久的历史。北魏时即有栽种榆、柳作篱并编扎成房屋或龙、蛇、鸟兽形状的记载。

我国园艺业和园艺学的发展比欧美诸国早 600~800 年。古时的印度、埃及、巴比伦王国以及地中海沿岸，包括古罗马帝国，农业和园艺发展较早，但总体水平当时也在中国之下。中国和西方国家之间，园艺植物和技艺的交流，最早当数汉武帝时（公元前 141~ 公元前 87 年），张骞出使西域，经著名的丝绸之路，给欧洲带去了中国的桃、梅、杏、茶、芥菜、萝卜、甜瓜、白菜和百合等，大大丰富了欧洲的园艺植物种质资源；给中国带回了葡萄、无花果、苹果、石榴、黄瓜、西瓜和芹菜等，丰富了我国的园艺植物种质资源。后来的交流不仅在陆地，还从海路打开了更宽的通道，使得世界各国园艺种源的交流更为频繁，从而推动了园艺技术的发展。

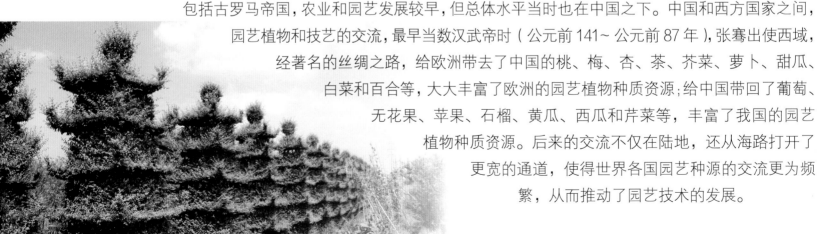

　　中国是享誉世界的"园艺大国"、"园林之母"。20世纪初极负盛名的植物学家亨利·威尔逊（E. H. Wilson），曾于1899~1918年间5次来华，广为收集野生观赏植物1000多种，包括当今闻名全球的珙桐和王百合等就是由他从中国引到国外的；他于1929年在美国出版的专著《中国，园林之母》（China, Mother of Gardens）中写到："中国的确是园林的母亲，因为所有其他国家的花园都深深受惠于她。从早春开花的连翘和玉兰，到春季的牡丹、芍药、蔷薇与月季，直到秋季的菊花，都是中国贡献给这些花园的花卉珍宝，假若中国原产的花卉全都撤离而去的话，我们的花园必将为之黯然失色。"他恰如其分地说明了中国园林植物对世界的贡献。我国原产的果树、蔬菜、花卉和观赏树木，早已引向世界各地，在各国的园艺业中发挥着举足轻重的作用。享有世界声誉的英国爱丁堡皇家植物园，现有中国园林植物达 1527 种及变种，该园以拥有这么丰富的中国园林植物而骄傲。中国是世界植物起源的几个中心之一，资源之多永远是我们的巨大财富。 但由于历史原因，我国种源科技开发较落后，跟不上科技先进的国家。

中国现代园艺事业的发展主要在新中国成立以后，特别是 20 世纪 80 年代初以后。20 世纪 50 年代，国家工业的迅猛发展，城市的兴起，使农业中的园艺业也随之兴盛起来，园艺科学研究和教育事业也有长足的进步。但是 20 世纪 50~70 年代，农业的发展总方针是"以粮为纲"，园艺业的发展受到很大限制，这种情况一直到 1978 年中国共产党的十一届三中全会以后才发生了根本性的转变。此后，随着农业上种植业结构的改革，农民真正自主地根据市场变化决定种植什么作物，从而使我国的园艺业得到前所未有的大发展。从 1979~1998 年的 20 年间，蔬菜、果树、花卉园艺的总面积和总产量的增长，在农业各行业（包括养殖业）中都是排在最前头的。

二、创意园艺造型的现状

我国观赏园艺花卉业的发展起步较晚，但近几年发展很快，据不完全统计，全国到 2009 年底花卉栽培面积已达 84.3 万 hm^2，重点是树木苗木园艺类为主，其中 2009 年全国鲜切花（含切花、切叶、切枝）种植面积

为 4.46 万 hm^2，全国观赏苗木种植面积 45.3 万 hm^2，园艺花卉的消费需求以年增长近 15％的速度上升，增长速度十分惊人。

1999 年 5 月 1 日~10 月 1 日的"昆明 1999 年世界园艺博览会"，充分展现了我国和世界园艺生产与科研的最新成就，我国作为园艺大国的形象又一次矗立在世人面前。

目前，我国的花卉苗木园艺业已成为农村经济的一项支柱产业。在一些地区，花卉园艺业已成了改变落后和贫困的重要产业。但是应当客观地承认，我们的园艺生产水平还相当落后，基本上是个体手工操作，单产低，质量差，效益也低。 这是我们今后必须要努力解决的问题。重点是要加强技术培训指导，增加技术含量，改善栽培条件，提高树木盆景艺术的造型水平，使园艺产品上档次，出效益。

中国被誉为"世界园林之母"，但是如今中国园林在世界园林上除了传统园林的影响力，近现代园林的发展与西方发达国家有很大的差距。首先，在植物方面，（1）园林植物（尤其在花卉方面）品种匮乏，品质低，新品种育种能力欠缺;（2）规模化，产业化，专业化程度相对落后;（3）人均消费程度低。其次，在设计方面，（1）城市应用的绿化树种单一，景观单调，效果不显著;（2）绿地规划规范性、系统性、成熟性有待提高;（3）公园设计，千篇一律，没有个性，地方特色不突出，场地精神体现不够;（4）园林景观设计人才的缺乏，设计水平有待提高，有待大师的出现; 如何改变这些现状，就要看准问题，采取措施，培养人才，加强科研，提高园艺技术操作水平，以迎接中国园林处于高速发展的势头，相信我国未来将能够创出一片新的天地！

三、实际应用及需求

随着现代化城市建设的发展，绿色、健康成为当今人类生活的主旋律。创意型园艺是植物栽培技术与园林美学的巧妙结合，也是利用植物的特性进行造园的一种独特手法。在人们的日常生活和工作环境中，优美的植物造型不仅能给人舒适、健康的感觉，也能调整和舒缓人们的紧张心情。具有季相美、图案美、几何美、组合美的植物艺术造型形象日益成为城市绿化的一道靓丽风景线。

植物造型在实际中的应用主要有以下几个方面：（1）绿篱，密集成排种植主要起分隔空间、装饰作用的灌木群，广泛应用于公共绿地和庭院绿化，主要体现出植物的线性美；（2）模纹花坛，外形以规则的几何图形大块连续绿地为基调，花坛内镶嵌色彩鲜艳的矮生性、多花性草花或灌木植物，勾勒组成别致的纹样造型图案。模纹花坛通过不同植物色彩的对比，发挥平面图案美，中心可用其他装饰材料点缀，如形象雕塑、建筑小品、水池、喷泉等；（3）绿色雕塑，用各种各样的绿色植物，通过不同的方法培育而成的姿态各异、气韵生动的艺术造型，把园林及雕塑艺术相结合，巧妙地将"人、动物、自然"这一主题融合在城市环境美化中；（4）造型景观树，用具有特殊观赏价值的木本植物通过整形修剪、绑扎等技法，经过多年培育而成的植物形象，再现自然风光或创造人工意愿的美好景观，常应用于视野开阔处，成为视觉焦点，突显植物景观。

与植物造型在园林景观中越来越广泛的应用，相对应的是特型植物和造型景观树需求量的大大增加，虽然我国在特型树的培育上已有一定的历史，但往往规模较小，而且从事植物造型和修剪的专业高级人才不多。所以，不但要加强此类专业人才的培养、注重造型树艺技能的传授和继承，还要建设具有一定规模、品种齐全、造型新颖多样的精品树艺园，以满足日益增长的对造型植物的需求。

四、中华树艺苑的使命与前景

（一）使命

我们园艺工作者肩负的使命是让自然环境能够在新的景观形态下找到立足之处，给人们提供重新回归自然的机会。我们的首要之举是对设计地点及其特征有一个深入的分析和全面的理解，包括坡面、植被、天气要素、观景、出入连接点，以及内部交通环流系统的考虑。

一旦理解并掌握了这些要素，自然特征就能通过园林景观设计的塑造和渲染得以保存下来，留在人们的记忆中。户外空间展现出的精心设计，才会给观者带来强烈的艺术美感，清新的气息和纹理的触动。

（二）市场前景

园艺造型植物在东方传统园林中常以云片状整形的罗汉松配置园林小品和建筑，形成精致、严谨的审美特色。而在西方古典园林中，其最大的特点就是规整的布局和大量规则式几何造型植物的应用，表现出对称、美丽、端庄、严肃的气氛。

近年来随着人们对园林景观多样性的渴求，通过修剪技术造型植物在园林绿化中的应用也日益广泛，市场对造型苗木的需求正日益增长。市场需求成为造型苗木发展的集结号，一些有前瞻性、有实力的苗木企业开始将目光投向造型苗生产，已渐成苗木业发展的一种新趋势。

为了进一步提高苗木附加值，许多有技术实力的苗场还在园艺造型上下功夫，通过对大规格的苗木进行修剪艺术造型，使苗木的价格成倍增加。如一株 2.5 米高的龙柏，一般售价为 75 元 / 株，加工成层塔型后可卖到 800 元 / 株；加工成盘龙型则高达 1600 元 / 株，而且市场价格还在不断攀升，市场前景较为广阔。目前从事这方

面生产的苗圃并不是很多，而且由于整型、定型需要一定的时间和技术，近期内难以在市场上出现大量造型苗木，短期内不会出现激烈竞争。全国生产造型苗木的地区主要集中在浙江萧山、四川温江、河南鄢陵和山东的一些苗圃。

发展造型苗木和植物雕塑的需求原因：一是城乡居民住宅环境的改变，随着经济的发展，人民生活水平的提高，市场对高档次的园艺造型树木、盆景的需求量大。造型苗木主要用于别墅、庭院以及国家建设的高档园林绿化工程的造景，尤其浙江、江苏、福建、广东等地，近年来的园林造型植物的销量持续增长，且需求量逐年增多。二是利润颇丰。造型的苗木提高了绿化观赏效果，因而增加了苗木的附加值，但由于整型、定型需要一定的时间和技术，这些造型苗木短期内市场紧俏，不会出现过激的市场竞争，因此商家获利颇丰。

此外，彩叶造型苗木和植物雕塑不仅丰富了园林景观的色彩，还体现出强烈的形式美感和视觉效果，让人们直观地感受到园林的色彩与形态的双重美感，还有些开出香味花的树种，如桂花等，种植在住宅小区、别墅庭院、公园绿地上，也很受人们的喜爱；为了净化空气，改善环境、大气的污染，今后还应增加繁殖发展能吸收有害有毒气体的树木花卉品种，这也关系到园林绿化行业中的重要方面。它有力推进着园林绿化的向"多层次彩化"发展（植物色彩丰富化、植物形态多样化、景观风格多元化）和"绿化、美化、季化"的需要。随着城市绿化的日益成熟，人们对彩化、美化的要求也日益提高，园艺造型苗木尤其是彩叶造型苗木和季花树种，吸收有毒有害气体的树种苗木将必然会成为今后园林绿化与园林苗木行业的"蓝海"和亮点。

本书说明：树艺作品尺寸标示中，H代表高度，L代表长度，W代表宽度。

第二章 ■ ■ ■ ■

Chapter Two 创意作品 集粹

一、文字系列

巨型文字是中华树艺苑的创新力作。中国文字是历史上最古老的文字之一。我国树艺有史以来的文字造型极为罕见，且字体很小，而现代社会发展中，公司、园区、厂区等广告型文字需要烘托气势，立体绿色环保的树艺巨型文字可以很好地达到这种效果。巨型文字在中华树艺苑力推下形成规模化生产，不仅有隶书、行书、楷书等字体，并可以根据书法需求来定制。

中华树艺苑造型
行楷为我们常用字体，用植物造型技术把行楷字表达出来，是普及树艺文字的捷径。

隶书字体

行楷字体

行楷字体——"青草地园林"字样

繁体"龙"字——龙是中国的象征、中华民族的象征、中国文化的象征。龙字寓意吉祥，气势磅礴。

繁体"龙"字（H250cm）

"福"字——中国传统文化中的吉祥文字之一。"福"字现在的解释是"幸福",而在过去则多指"福气"、"福运"。春节贴"福"字,无论是现在还是过去,都寄托了人们对幸福生活的向往,也是对美好未来的祝愿。

"寿"字——寿文化是中国国学的重要组成部分，我国各族人民养成了丰富多彩的祝寿习俗。"寿"字寓意延年益寿，吉祥连年。中华树艺苑开发的植物材料造型字"寿"，置于庭院，景观独特，如更换松柏类植物，更寓意寿比松柏。

"寿"字（H250cm）

其他字体

 二、企业徽标系列

企业标志（Logo）承载着企业的无形资产，是企业综合信息传递的媒介。标志作为企业"企业统一化系统"的最主要部分，在企业形象传递过程中，是应用最广泛、出现频率最高，同时也是最关键的元素。企业强大的整体实力、完善的管理机制、优质的产品和服务，都被涵盖于标志中，通过不断的刺激和反复刻画，深深地留在受众心中。企业标志，可分为企业自身的标志和商品标志。创意树艺的企业徽标系列目前也是中华树艺苑开发的又一力作。

"浙江青草地园林市政建设
发展有限公司"企业徽标

大众汽车标志 　　　　　　　　　　宁波球冠集团企业徽标

宁波腾龙集团企业徽标

宁波日地集团企业徽标

宁波海天集团企业徽标

奔驰汽车标志

三、动物系列

仿动物类造型是我国最早期的园艺造型艺术成果之一，"中华树艺苑"创造性地把"与人融合"的理念植入其中后，不仅使造型能被"骑"、"攀爬"或作为"衣架"等用途，同时采用雕塑法制作模式，使其栩栩如生。园艺师们通过搭架、绑扎、整形，修剪技艺造型，随着树木生长，不断及时修剪绑扎，使树叶覆盖整个骨架，逐年培养，便成为活脱脱的绿色长龙，威风凛凛的老虎，憨态可掬的大象，妙趣横生的猴子，闲逸洒脱的骏马等，各种动物造型风姿独特，形象逼真，俨然是绿色动物园。

猛虎下山

虎

虎——虎是世界上最广为人知的动物之一，是勇猛的象征。植物材料制作的老虎是真正意义上的"纸老虎"，安全环保并且能烘托出气势，形象生动活泼，适于置放在公园、动物园、广场等地方。

虎啸东方
（H220cm）

饿虎扑食
（H220cm）

一山亦容二虎（H240cm）
本对老虎的照片自2010年年底上传到网上，得到广大网民的积极好评，点击访问量超500万次，充分说明中华树艺作品的神奇魅力。

骏马

骏马奔腾（H250cm 左右）
根据马的真实大小，设计成奔腾状。

八骏图（H250cm
左右）
按照骏马的真实
大小，根据徐悲
鸿的八骏图拓图
而出，栩栩如生。

房兵曹胡马

唐·杜甫

胡马大宛名，

锋棱瘦骨成。

竹批双耳峻，

风入四蹄轻。

所向无空阔，

真堪托死生。

骁腾有如此，

万里可横行。

汗血宝马（H250cm）

跃马过涧
（H220cm）
本创意源于《三国演义》刘备跃马过涧。

万马奔腾（H250cm）

骏马神思
（H220cm）
本创意源于陵园
石马，庄严肃穆。

大象

温顺憨态的大象在如今的动物园深受大人小孩的喜欢。中华树艺苑植物材料开发的大象树艺系列作品，生动形象，主旨在提倡全社会爱护大象，保护野生动物。

仰鼻大象（H300cm）

母子象——可以用于开阔绿地的孤景布景以及拼装式园林景观中与其他园林小品或花卉植物等组景。

小象——主要应用在公园、广场等开阔地带，营造出活跃放松氛围。

小象（H120cm）

小象（H150cm）

大象造型（H250cm）

小象（H150cm）
由贴梗海棠制作。

鹿

（1）梅花鹿

梅花鹿鹿茸可作为医药成分，经济价值高，因此野生梅花鹿不断或因为贸易用途或作为食物被捕杀，数量不断减少。中华树艺苑推出树艺作品在园林应用中，向社会倡导保护野生动物。爱护自然环境的理念贯彻在所有的动物树艺作品中。

梅花鹿（H180cm）

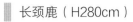

长颈鹿（H280cm）

（2）长颈鹿

主要应用在公园、广场等开阔地带，营造出活跃放松氛围。

长颈鹿（H300cm）

长颈鹿（H300cm）

长颈鹿（H120cm）

长颈鹿（H400cm）

龙

　　龙——中国古代神话中的一种善变化、能兴云雨、利万物的神异动物，传说能隐能显，春分时登天，秋分时潜渊。龙是中华民族的代表，是中国的象征。双龙戏珠象征着人们对美好生活的追求。

双龙戏珠（H250cm×L420cm）
源自中国传统文化中的和谐互动，本作品适用于喜庆节日布景。

 中华龙（H250cm×L500cm）

护院双龙

蛟龙探海（H350cm）

龙在云端（L500cm）
本作品可仅用两个造型花盆做依托，并可延展成许多创意作品。

游龙图（L450cm）

企鹅

活泼生动的企鹅（H150cm）
适合临水体布景。

活泼生动的企鹅（H120cm）
适合临水体布景。

恐龙

长颈龙
（H200cm×
L400cm）
适合置放在
游乐园或儿
童乐园。

霸王龙（H300cm）
适合置放在游乐园或儿童乐园。

孔雀开屏（H350cm×W400cm）

孔雀（H180cm）

孔雀园（H500cm×W550cm）
全球最大的孔雀开屏植物造型。

贴梗海棠孔雀（H200cm）
由于贴梗海棠的花期在每年的中国农历新年前后，花色大多为亮丽的红色，所以树艺造型海棠孔雀或其他的海棠树艺产品置放在公园等公共场所能给寒冬增添一抹暖色，同时营造喜庆的氛围。另亦可置于别墅区。

十二生肖

鼠（H150cm）　　　牛（H150cm）　　　虎（H150cm）

兔（H150cm）　　　龙（H150cm）　　　蛇（H150cm）

马（H150cm）　　羊（H150cm）　　猴（H150cm）

鸡（H150cm）　　狗（H150cm）　　猪（H150cm）

其他动物造型

仙鹤（H200cm）

松鼠（H150cm）

华尔街牛（H300cm）

华尔街牛（H500cm×L550cm）

骆驼（H250cm）
适宜广场或公园等地方置景。

鲤鱼（H150cm）

海螺（H150cm）

金鱼（H150cm）

鸳鸯（H150cm）

老鹰（H100cm）

山羊（H160cm）

凤凰涅槃（H300cm）

小动物群（H120cm）

棕熊（H100cm）

袋鼠（H180cm）

奔兔图
（H120cm）

海龟

组景："如象稳健，如虎精进"

四、人物形象系列

人物形象作品是通过雕塑艺术，利用植物对人物形象的刻画。此制作手法源于西方人物雕塑的深入艺术化，由人物塑像艺术提升到利用植物塑像，这在国内极为少见。活灵活现的"植物人物雕塑"与园林造景的结合，具有很强的美好视觉冲击。

舞女造型

美女形象作品是通过写意的雕塑艺术并利用植物对美女形象进行生动的刻划。本系列产品可延伸多类古典作品：嫦娥奔月、古代四大美女图、舞女图等，适用于街头妆点和节日氛围及写意和谐喜悦等。

霓裳羽衣（H200cm）

舞女造型（H250cm）

清平调 2

唐·李白

一枝红艳露凝香，云雨巫山枉断肠。

借问汉宫谁得似，可怜飞燕倚新装。

清平调 1

唐·李白

云想衣裳花想容，春风拂槛露华浓。

若非群玉山头见，会向瑶台月下逢。

▌舞女造型（H250cm）

▌舞女造型（H250cm）

北方有佳人

西汉·李延年

北方有佳人，

绝世而独立。

一顾倾人城，

再顾倾人国。

宁不知倾城与倾国？

佳人难再得！

舞女造型（H250cm）

舞女造型（H250cm）

舞女造型（H250cm）

舞女造型（H250cm）

转手帕美女（H250cm）

舞女造型（H250cm）
适宜公园、广场或游乐
园置景，与其他园林小
品及花卉组景。

舞女造型（H250cm）

舞女造型（H250cm）

舞女造型（H250cm）

琵琶行

唐·白居易

移船相近邀相见，添酒回灯重开宴。

千呼万唤始出来，犹抱琵琶半遮面。

舞女造型（H250cm）
舞姿飘逸洒脱的美女
适宜公园、广场或游
乐园置景，与其他园
林小品及花卉组景。

沉思美女（H250cm）

舞女造型（H250cm）

舞女造型（H250cm）

舞女造型（H250cm）

舞女造型（H250cm）

美女造型（H250cm）

迎宾女郎（H250cm）
适宜广场入口、星级酒店、大型会展
中心置景，融入情境。

美女造型（H250cm）

舞女造型（H250cm）

舞女造型（H250cm）

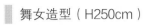

舞女造型（H250cm）

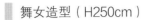

舞女造型（H250cm）

舞女造型（H250cm）

模特女郎（H250cm）

双人舞（H220cm）
适宜在剧院、舞蹈学院等地开放性广场作为主置景。

芭蕾舞女（H170cm）

托裙姑娘（H250cm）

西施浣纱（H250cm）

西施咏

唐·王维

艳色天下重，西施宁久微。

朝为越溪女，暮作吴宫妃。

贱日岂殊众，贵来方悟稀。

邀人傅脂粉，不自着罗衣。

君宠益娇态，君怜无是非。

当时浣纱伴，莫得同车归。

持谢邻家子，效颦安可希！

贵妃醉酒（H250cm）
源于乾隆时一部地方戏《醉杨妃》的京剧剧目人物形象。

昭君出塞（H250cm）
昭君出塞是我国历史上的一个真实故事。西汉汉元帝时期，匈奴与西汉请求和亲，王昭君主动请求出塞和亲，从而使匈奴同汉朝和好达半个世纪并传为美谈，被人们广为传颂。树艺造型昭君出塞能呈现强烈的视觉感受，人物生动形象，姿态端雅。作品适宜置放在公园或广场，既能渲染周边环境，同时能让人们感知历史。

嫦娥奔月（H250cm）

嫦娥奔月是中国的远古神话，是我国十大古代爱情故事之一。树艺造型嫦娥阿罗多姿，生动形象。作品适合置放在开阔绿化地块或者科技广场配景人类探月的构想。

田螺姑娘（H220cm）
创意源自民间传说故事，寓意就是勤劳善良的人，总会得到美满幸福的生活。

运动人物

各种体育运动可以强身健体，坚持体育锻炼增强人们的身体素质。运动是力量与激情的展示。中华树艺苑制作的运动人物系列动态感强，适宜布置在体育广场、街心公园等地孤景或与其他花卉等组景，渲染出蓬勃向上，无限生命力的气息。

花样滑冰是技巧与艺术性相结合的一个冰上运动项目。在音乐伴奏下，在冰面上滑出各种图案、表演各种技巧和舞蹈动作。表演者在冰面上动作姿态优美、洒脱飘逸，给人美的视觉享受。

▍花样滑冰

▍花样滑冰——燕式步

排球运动员（H250cm）
排球运动一直也是力与美的展示。树艺苑开发的运动人物系列力争把人物塑造的生动逼真，给人直观的美的感受。

羽毛球运动员（H250cm）
羽毛球运动是国际奥林匹克运动会比赛项目。中国该运动项目的竞技水平一直处在世界的前列。

足球运动员（H250cm）

足球运动是世界上最受欢迎的体育运动之一。该
作品是中华树艺苑开发的树艺作品中的创意作品。
适宜置放在体育广场、运动场或休闲公园等地方。

跑步运动员（H250cm）

跑步是日常生活中人们最常进行的锻炼方式，树艺作品
尽可能把人物的动态感表现出来，使其更生动更形象。

其他人物

卓别林形象

卓别林（H250cm）
适宜置景主题乐园。

荷枪战士（H250cm）

树艺作品荷枪战士力争把战士的形象塑造得生动形象。该作品适宜置放在广场或烈士陵园等地。

敬献哈达（H250cm）

敬献哈达是我国藏族同胞的友好礼节，是藏族人民期盼美好生活的象征，同时是中华民族大融合大团结的有力体现。

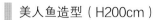
美人鱼造型（H200cm）

交警（H250cm）
交警在日常社会
生活中有力保
障了交通秩序。
该类树艺作品
适宜置放在街头
广场、道路入口
等处。

策马扬鞭
中华树艺苑运用植物资材形象再现战士骑马打仗的飒爽英姿，气度非凡。在运用单一植物资材的基础上，首次尝试采用双色资材组合，使得作品更加形象生动。

音乐广场·乐队组合（H280cm）

99

 # 五、市政公用产品系列

市政公用作品是中华树艺苑重点研发的作品。随着城市生态化进程，城市将需要更多绿色作品来软化生硬的钢筋水泥丛林，所以树艺垃圾箱、树艺休闲亭、廊、路灯、指示牌等植物雕塑作品的应用不仅让人们回归自然，也为城市增添景观，提升人文艺术品位。

垃圾箱

垃圾箱是城市街道必须用到的环保公用产品。日常生活中，它的作用可大可小，植物垃圾箱造型产品，更趋向于实用以及提倡公众注意保护环境。

垃圾箱
（L110cm×W45cm×H100cm）
跟实物垃圾箱等体量，适宜置放在街道、公园道路两侧、步行街等地方，既实用又可倡导环保理念。

灯柱

树艺垃圾箱造型置景
效果给人耳目一新的感觉，环保效果更直观。

嫦娥奔月造型灯柱（H280cm）

嫦娥奔月造型灯柱（H280cm）

亭子

亭廊置景在我国古典园林的发展过程中一直发挥着举足轻重的作用，几乎在现在保存完整的所有古典园林中都能看到不同风格的亭廊造型。中华树艺苑运用不同植物材料制作出四角亭、六角亭、长廊，在现在的园林应用中风格独具，使人赏心悦目，让小范围的僵硬环境立马凸显出生机。

小叶女贞六角亭（H280cm）

红叶李六角亭（H350cm）

紫薇六角亭（H350cm）

红梅六角亭（H300cm）

紫薇六角亭（H350cm）

小叶女贞六角亭（H350cm）
适宜置放在大型公园、植物
园、游乐园或园艺展示园等
处，利于人景互动。

紫薇六角亭（H300cm）

贴梗海棠四角亭（H250cm）

紫薇六角亭（H300cm）

紫薇六角亭（H300cm）
适宜置放在大型公园、
植物园、游乐园或园
艺展示园等处。试想
炎炎夏日，置身亭下，
何等清凉！

长廊

紫薇长廊
漫步在开满鲜花的长廊下，是何等惬意的事情！

109

六、快速造型

大叶黄杨

　　大叶黄杨是我国适生纬度最宽的常绿乔灌木之一，是弥补北方寒冷地区常绿花木资材缺失的首选树种。经过多年研发，大叶黄杨桩景、编扎作品等已由"中华树艺苑"创意并构成系列产品，十分难得。

▎大叶黄杨（H300cm）

小叶女贞

小叶女贞是我国南北适生的半落叶灌木材料，在低纬度地区，一般用作于制作球类或绿篱，通过对小叶女贞的盆景化加工，使其有效地提升为造型资材，同时也为北方高寒地区增加了一种"新的乔灌木造景"。

小叶女贞快速造型（H200cm）
小叶女贞桩景十分少见。此类桩景正好弥补北方树种单一，桩景资材过少的窘境，另辟蹊径。

小叶女贞造型
盘扎造型成桩景状和烛台状，
是快速造型的一种突破性创意。

罗汉松盆景

罗汉松造型

罗汉松可塑性大，可加工成多种树形。主干蟠曲，枝条虬屈，姿态自然。小枝叶修剪成层片状或半球状，分层参差有致。或制成云片或馒头式，姿态苍古秀雅。

临水式（悬崖式）造型

 # 七、卡通形象系列

卡通造型是近现代才出现的园艺造型艺术，主要是根据著名卡通形象来造型，虽然其发展的时间十分短暂，但社会反响很大，对民众的视觉冲击十分强劲，是园艺造型中最给力的艺术产品，为了满足市场需求，中华树艺苑已进行产业化改造，批量制作。

国外卡通形象

米老鼠造型（H220cm）　　　　　　　　　　　唐老鸭造型（H250cm）

国内卡通造型

唐僧（H250cm）　　孙悟空（H250cm）

西游记系列形象

西游记里的唐僧师徒形象在中国广为人知，其中的故事无论大人还是小孩都耳熟能详，深受大众欢迎。树艺卡通造型西游记系列定会让人们感觉耳目一新。

猪八戒（H250cm）

沙僧（H250cm）

探路行者（H250cm）
探路行者是西游记小说或改编动画片描绘的孙悟空招牌动作。俏皮可爱的形象深受小朋友以及大人们的喜爱。

唐僧师徒组合形象

三打白骨精（H300cm）
生动的动画造型适宜置放在儿童乐园、公园等地方。

白骨精形象（H250cm）

八、仿建系列

仿建筑类树艺即把园艺资质通过编扎修建制作成建筑物形状，这是我国园艺造型艺术的重要创新部分，这样不仅可以能造出恢弘气势，同时由于资材需求的只是高杆条子，制作周期也就极其短暂，具有较高的市场开发价值。

牌坊

紫薇牌坊（H300cm×L380cm）

海棠牌坊（H300cm×L450cm）
牌坊适合与小径穿插组景或可单独设计成门楼样式，独添生气，
不失气势。树艺牌坊亮点新颖，更亲近自然。

海棠牌坊（H400cm×L500cm）

篱桓

篱桓是中华树艺的特色作品。篱桓主要用于区隔空间，随着社会发展和美化环境需要，逐步发展成为：波浪墙、花墙、龙头墙、垂直绿化墙、浮雕屏、立体屏风等形式，主要用于视觉的和谐转换和空间过渡。

波浪墙

紫薇花墙（H150cm）　　　　　　　　　　　　　分隔墙

波浪墙（H150cm）

编制院墙

宝塔

宝塔是中国传统的建筑物。中华树艺苑制作的宝塔风格独特，适宜小岛、山坡等地方置景。

华表（H350cm）

我国古代宫殿、陵墓等大型建筑物前面做装饰用的巨大石柱，是中国一种传统的建筑形式。华表是一种标志性建筑，已经成为中国的象征之一。仿华表的树艺造型独具特色，可以在公园、庭院等主要道路路口置景。

盘龙柱（H350cm）

龙是中国的传统吉祥物。盘龙抱柱演化成一种抽象的建筑形式，在我国古代象征富贵气派。现今中华树艺苑用植物材料制作的盘龙柱，环保又可独立成景。适宜置放在公园、庭院等主要道路路口。

九、仿形系列

生活中许多外观漂亮的物体或艺术品让人赏心悦目，仿形作品系列具有很高的开发价值，素材的来源广泛。丰富多样的物体形态用植物材料制作后可运用到市政园林绿化工程，与钢筋水泥结构相互协调，增加城市亲和力，在创建宜居城市的过程中添加一道亮丽的风景。

花瓶花柱类

（1）龙柏花瓶

龙柏花瓶（H350cm）
宜置放在道路两侧或者大小花瓶组景。

（2）紫薇花瓶

■ 紫薇花瓶（H350~400cm）
宜置放在道路两侧或者大小花瓶组景。春夏可观叶，秋冬可观花（花期长）观干观形。

（3）小叶女贞花瓶

小叶女贞花瓶（H180~200cm）
中华树艺苑用常绿的小叶女贞作为资材制作花瓶，一年四季都具有较高的观赏性，真正意义上赋予了艺术品以生命力。

（4）贴梗海棠花瓶

贴梗海棠作为资材制作花瓶，主要观赏特点是春节前后开花，花色亮丽鲜艳，为冬天增加一抹亮色、一丝暖意。

贴梗海棠花瓶

贴梗海棠花瓶（H400cm）

贴梗海棠花瓶（H150~180cm）

（5）桂花花瓶

桂花在中国具有丰富的文化意义。"物之美者，招摇之桂"，桂花一直是世上美好、高雅事物的象征。"八月桂花遍地开，桂花开放幸福来"，历代民间也皆视桂花为吉祥之兆。中华树艺苑将桂花与艺术品花瓶融合，更具观赏价值。

咏桂

唐·李白

世人种桃李，皆在金张门。
攀折争捷径，及此春风暄。
一朝天霜下，荣耀难久存。
安知南山桂，绿叶垂芳根。
清阴亦可托，何惜树君园。

桂花花瓶（H250~280cm）

（6）其他

金边黄杨花瓶（H300cm）

金边黄杨花瓶（H300cm）
宜置放在道路两侧或者大小花瓶组景。

茶梅花瓶（H300cm）

罗汉松花瓶（H180cm）

（7）花柱

紫薇花柱（H200cm）
宜置成对放在道路两
侧或者多个花柱组景。
春夏可观叶，秋冬可
观花观干观形。

花篮

花篮的仿形树艺作品适宜置放在道路的
路口处，增添隆重的节日氛围。

▌小叶女贞花篮（H180cm）

▌海棠花篮（H180cm）

小叶女贞花篮（H180cm）

贴梗海棠花篮（H180cm）

海棠花篮（H180cm）

仿几何形

　　仿几何形主要通过修剪加工形成几何形状，由于现代人审美和学习需求，仿几何形一般被视为童趣或卡通类产品，市场走势十分看好。

三角形造型

圆球造型（H280cm×P250cm）

圆柱体造型

简单的几何造型
适合广场以及公园组景。

几何造型主要是西方国家在园艺中常用到，通常这类造型给人以清新明快的视觉感受。在许多广场或者公园里均有应用。

其它仿形

蘑菇造型（H100cm）

灯塔造型（H150cm）

葫芦造型（H180cm）

葫芦造型（H180cm）

塔柏糖葫芦串造型（H220cm）

火箭（H400cm）

中国火箭总体技术性能达到国际一流水平。树艺造型火箭是中华树艺苑开发的仿形系列的重要创新作品。适宜置放在科技广场之类的科普广场。

小凳
（H120cm）

十、创意类产品系列

中华树艺苑所有的树艺系列产品均可以定制，实现规模化生产。其中塑年艺术系列作品是中华树艺苑开发的全国范围内的首创树艺生产模式。

塑年艺术（定制产品）

把我们的年轻的体型和招牌动作采用雕塑定形技术，用树艺记录和刻划出来，并经常比对，试想我们的体型，我们的心态是否定型于此刻？这种一张照片，一个动作所驻留的青春将成为永葆年轻的伴者。

和谐之家（定制产品）

把三口之家或大家庭每个成员的招牌动作组合起来，采用雕塑定形技术用树艺刻划出来，全家人经常比对，其乐融融，这将为家庭的和谐和团聚注入多少精神力量？

我家的西施

三口之家

和谐之家　相伴到老

我们永远在一起
（拟制）

关怀成长

儿童系列　成长记录

新创意作品

百年好合

树艺新创意产品系列如"百年好合"、"多子多福"、"儿孙满堂"等，自中华树艺苑开发推介此类产品以来，深受人们的认可，并为此创意惊叹不已。

儿孙满堂

同样，树艺新创意产品系列如"双喜临门"、"感恩父母"、"爱我中华"等，也广受人们的好评。

第三章 ■ ■ ■ ■
Chapter Three 园林应用

　　"城市绿化以绿为主，以美取胜。提倡植物造型，要求造型植物、攀绿植物和绿篱保持造型美观。绿地中的造型花篮、动物形态、彩色组字等，保持完整，绚丽鲜明。"这是国家的绿化标准。对树木造型，人们见到的多是把观赏树木剪成球形或半球形等简单几何图形。无论哪种造型，栽的树成活后就需要搭架、绑扎、整形，修剪造型，随着树木生长，不断及时修剪绑扎，使树叶覆盖整个骨架，逐年培养，便成为活脱脱的绿色长龙，或洒脱飘逸的古代舞女，或憨态可掬的大象，或宏伟壮观的城楼，或振翅欲飞的雄鹰，灵动闲逸的骏马等。园林树艺能做到美学和自然科学相结合，随树造型，取舍得体，独具匠心，超凡脱俗，妙在一个"美"字，精在一个"动"字，巧在一个"形"字，好在一个"神"字。使景物形象具有新、奇、巧的艺术效果，体现了自然风景与人工造园艺术的高度和谐，树艺与生活环境的高度和谐。　园林植物造型艺术的发展，既能在园林建设中做大文章，又能在住宅小区、机关、学校、厂房见缝插绿，用一株一盆的树艺造型来丰富城市景观，给人们创造赏心悦目、静谧幽香、消除疲劳的美好环境。

一、添彩街景

二、大型绿化（树艺作品应用效果）

同庆广场

婚庆广场（梁祝广场）

古建广场

动物广场

大型绿地置景

三、展会风采

大型展会展示效果反响强烈，激发人们对园艺的向往，对环境的保护意识，对美好生活的不断憧憬，广受人们欢迎。

四、人景互动

五、拼装式景观

浙江青草地园林市政建设发展有限公司

　　浙江青草地园林市政建设发展有限公司创建于 1996 年 10 月，国家壹级城市园林绿化资质、市政公用工程施工总承包贰级资质企业。企业本着"求实创新、至诚服务、开拓发展"的经营理念，以"探寻花卉发展模式，营造城市新型绿地"为奋斗目标，并始终把依靠科技，提升核心技术竞争力放在首位。目前企业大专以上学历人数占 95%，其中高级技术职称人员 15 人，中级职称人员 60 人，初级职称人员 120 余人，多位员工在学术性期刊上发表过专业论文。企业紧抓绿色技术的制高点，特别是在岩坡复绿和高尔夫草坪技术的应用位列国内先进。企业研究的《杜鹃花标准化无土栽培技术及产业化开发》课题被列入国家级星火计划项目；《高山杜鹃的工厂化育苗及高效促成栽培技术》被列为科技成果转化项目。公司先后建成花木基地 2800 余亩，其中包括已建成了我国最大的杜鹃花繁育推广中心及基因库，以及在建的代表我国园艺塑形水平的"中华树艺苑"。

浙江青草地园林市政建设发展有限公司

▶▶▶ 地　　址：浙江省宁波市江东区百丈路40号5楼
联系电话：0574-27823377
邮　　编：315041
网　　址：http：//www.qcdcn.com
传　　真：0574-27823399

温州汇景嘉园

宁波绿城·桂花园

浙江正浩园艺有限公司

美女造型

环保垃圾箱

联系人：冯玉美　　　　电　话：0574-86567601

手　机：15867565760　　地　址：浙江省宁波市镇海区骆驼街道金华村

　　浙江正浩园艺有限公司（中华树艺苑）位于宁波市镇海区骆驼镇（镇海新城规划所在地），公司致力于废弃植物资源的回收再利用，展现精致高品质的园艺造型，开发新型环保产品。目前植物塑形主要产品有：环保垃圾箱、嫦娥奔月灯柱、动物造型、人物造型、仿建造型等。

　　树艺造型的园林园艺应用广泛，可适用于市政公用，比如环保垃圾箱、嫦娥奔月灯柱等，也可适用于广场、公园、城市公共绿地、私家别墅区等，比如长廊、亭子、动物造型等。

　　树艺造型主要造景优势：

　　1. 精致化大规格植物，有助于减少对大树资源的掠夺，孤景或组景效果明显；

　　2. 整体提升园林工程景观品质并且完全符合绿色低碳的环保理念；

　　3. 树艺造型因地制宜和变废为宝的特性符合目前国家倡导的"节约型园林"、"生态型园林"的造景理念，可用于易地绿化；

　　4. 树艺造型造景形成城市独特绿色景观，"花木变成艺术品"提升了城市或园林的人文档次。

华尔街牛造型

大象造型

八骏图造型

中国花木交易
——中华树艺苑合作网络平台

▶▶▶ 联系人：伍光庆　　　　　　　　　　　　　　　发　行：0574-86567601

地　址：浙江省宁波市镇海区庄市街道中官西路777号创e慧谷　　传　真：0574-86568282

电　话：0574-86567602　　　　　　　　　　　　　网　址：http://www.f158.com

　　中国花木交易网始创于1998年，总部设在中国浙江，已设有上海、杭州、宁波、成都、长沙等服务站，现有注册会员15000多个，企业计划未来3年在全国再设立100多个服务站和500余个联络站，届时中国花木交易将会成为中国领先的花卉苗木行业服务平台，目前平台独具特色的服务项目"主产苗区报价"、"花木SOS"、"订单花木"、"花木收储"、"采购助理"、"销售助理"等。中国花木交易全体员工热诚欢迎全国花木企业，科研单位参观指导工作，洽谈业务。

P-BOT建园模式

P：即配备、配套

BOT：即国际上十分流行的"建设－运营－移交"模式

P-BOT 模式

1. 业主方根据具体功能设计提供一定的配套条件；

2. 承建方按设计功能建设；

3. 由承建方具体运营至合同期满；

4. 移交给业主方或转让给业主方。

P-BOT 模式的适用范围

比较适合产权无法明晰，建设维护成本比较高，但实际单项运营收益极少，复合收益及形象展示功能较强的项目，如公园、公共交通项目、交易市场、游乐园等。

P-BOT 模式的必要性

由于现在地方政府资金比较紧张，但对基础设施项目却有很大的需求，怎么样用很少的资金实现大的项目是一个比较矛盾的难题，而且每年还必须投入大量人力物力进行维护（一般要达到第一次建园费用的 5% 以上），诸多原因导致许多城市基础设施项目相对滞后，P-BOT 建园具有更强操作性。

P-BOT 建园模式基本操作方式

1. 由业主方提供或审核具体设计图；

2. 由承建方按设计要求进行细化设计；

3. 双方签订合作协议，确定建设周期及运营时间；

4. 由业主方提供功能设施、设备及相关配套设施；

5. 由承建方对可移动的苗木及景观进行总体布局，费用由承建方负担；

6. 公园建成后由承建方整体维护和运行，业主方无需再投入；

7. 合作期满，承建方将迁移其在园中的植物及景观或以市场价由业主方回购保留。

P-BOT 建园模式的优势

1. 无需征地、无需报批，即可开建一个专题公园；

2. 建园成本仅需 30%~40%，相当于 BT 模式的首付款；

3. 建成后无需每年投入维护费用（一般是建园成本 5%/ 年以上）；

4. 更新无需投入，主题明确，可展示城市文化特色，同时也是市民践习中华园艺的体验基地（一般公园平均更新费用为 5%/ 年）；

5. 建成的公园将为花卉界和园艺爱好者提供新的产业机会和展示舞台；

6. 公园兼具树艺产业基地的功能，每座公园将实现树艺年产值 2000 万元以上，拉动树艺相关产值 1 亿元以上。

P-BOT 建园模式与常规建园模式比较：

P-BOT建园模式与常规建园模式

以250亩为例

序号	对比项	P-BOT模式	常规模式	备　注
一、政策方面				
1	用地性质	农用、建设均可	建设用地	P-BOT模式，只要可种植的农田或山地即可
2	报批程序	无需	省厅报批、部里备案	现在报批流程和时间都很长
3	用地指标	无需	占用建设用地指标	P-BOT模式，特别适用土地指标紧张的区域
4	建设进度	半年左右	2年以上	多数公园甚至几届政府才做好
二、投入方面				
1	建园投入	约2000万元	约5000万元	一般公园需300元左右/m²
2	维护投入	无	约5000万元	250万元/年，20年
3	征地费用	无	至少3000万元	按12万元/亩基本补偿计算
4	更新费用	无	5000万元	250万元/年，20年
三、产出方面				
1	公园正常产出	较多	较少	P-BOT建设的为特色主题公园
2	园艺销售	2000万元	无	P-BOT模式利用销售更新园区
四、其他方面				
1	市民参与度	强	较弱	国内许多公园市民参与度极低
2	花卉园艺界互动	较强	无	树艺是我国几近失传的国粹
3	城市文化融入	较大	较少	可根据需求定制植物作品及景观

P-BOT 案例展示（中华树艺苑效果图）

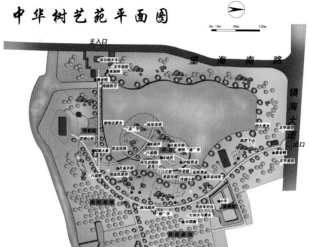

宁波市嘉卉园艺有限公司

　　宁波市嘉卉园艺有限公司是一家集绿化苗木生产与经营、园林绿化工程设计施工养护、专类植物观光园开发与管理于一身的园林工程企业。公司现拥有城市园林景观施工三级资质，绿化造林设计乙级资质、施工乙级资质。

　　2003年5月9日，公司在原北仑区华兴园艺良种场的基础上组建，下辖苗木生产基地共800亩，生产宁波地区特色的绿化苗木150多种，现正在建设占地1000亩的湖州市中国杜鹃花产业园，收集杜鹃花品种150余种，为国内第一个杜鹃花观光产业园。企业现有中级以上技术职称人员30人，初级技术职称及各种专业技术人员30人；拥有成套电脑设计及制图的设备和多套大型园林景观工程施工与养护的机械设备。

　　嘉卉园艺始终坚守品质，提升品味，由嘉卉园艺有限公司完成宁波保税精深科技厂区绿化工程、保税区技嘉科技厂区绿化工程、德马格海天公司的厂区绿化工程、北仑区九鼎家园绿化工程、新隆蓝天公寓景观工程、玖隆·钱江观邸住宅小区园林景观工程深受业主好评；由嘉卉园艺有限公司组织实施的丽水龙丽丽龙高速公路莲都段绿化工程、上海新华路一号高档住宅景观绿化工程、上海世和中心绿化工程等已成为合作商的样板工程，累计完成工程总量已超亿元。

>>> 地　　址：宁波市百丈路40号五楼
　　　邮　　箱：jiahui2003@163.com
　　　服务热线：0574-87378666
　　　传　　真：0574-27871079

宁波市风景园林设计研究院有限公司

宁波市风景园林设计院有限公司创建于 1986 年，1998 年 11 月经建设部批准晋升为乙级设计单位，2000 年 8 月晋升为国家市政（风景园林）甲级设计单位，2008 年 9 月被浙江省文物局授予文物保护工程勘察古建筑设计丙级资质，是宁波地区唯一具有该资质的单位。2009 年 6 月经浙江省住房和城乡建设厅批准晋升为建筑行业（建筑工程）丙级设计单位。2010 年 4 月经浙江省住房和城乡建设厅批准晋升为市政行业（道路工程）专业乙级设计单位。

经营范围有：风景园林设计（包括各类公园、游乐园、度假区景观、居住区景观、公园绿地、道路景观及生态湿地景观）；规划设计（城镇规划、风景名胜区规划、城市绿地系统规划及绿线规划）；古建筑及文保设计；灯光设计；景观咨询服务；绿化施工与管理等。

宁波市风景园林设计院有限公司人才密集，专业齐全，人员素质高，技术力量雄厚，技术装备先进。近五年来，累计共完成园林景观设计项目近千余项，每年完成 200 多个设计项目，其中有几十项设计作品或国家、省、市优秀设计奖，还有多个科研项目或各级科研奖等。

我们将以一流的服务、一流的信誉竭诚为广大客户服务，欢迎合作。

▶▶▶　网　　　址：http：//www.nbylsj.com
联系电话：0574-28827806
邮　　编：315171
地　　址：宁波市鄞州区集士港工业区集横路 86 号

设计院成功实景案例：

日湖公园

樱花公园

参考文献

［1］陈有民 . 园林树木学［M］. 北京：中国林业出版社，1999.

［2］过元炯 . 园林艺术［M］. 北京：中国农业出版社，2002.

［3］林焰 . 意象园林［M］. 北京：机械工业出版社，2004.

［4］鲁平 . 园林植物修剪与造型造景［M］. 北京：中国林业出版社，2006.

［5］苏雪痕 . 植物造景［M］. 北京：中国林业出版社，2000.

［6］赵世伟 . 园林工程景观设计：植物配置与栽培应用大全［M］. 北京：中国农业科技出版社，2000.

［7］朱钧珍 . 中国园林植物景观艺术［M］. 北京：中国建筑工业出版社，2003.

［8］祝志勇 . 园林植物造型技术［M］. 北京：中国林业出版社，2006.

［9］庄莉彬 . 园林植物造型技艺［M］. 福州：福建科学技术出版社，2004.